Manoj Kumar Sen
Hari Mohan Meena

Avaliação da Ophiofauna na zona não protegida das regiões de Sirohi e Kota

Manoj Kumar Sen
Hari Mohan Meena

Avaliação da Ophiofauna na zona não protegida das regiões de Sirohi e Kota

ScienciaScripts

Imprint

Any brand names and product names mentioned in this book are subject to trademark, brand or patent protection and are trademarks or registered trademarks of their respective holders. The use of brand names, product names, common names, trade names, product descriptions etc. even without a particular marking in this work is in no way to be construed to mean that such names may be regarded as unrestricted in respect of trademark and brand protection legislation and could thus be used by anyone.

Cover image: www.ingimage.com

This book is a translation from the original published under ISBN 978-620-2-02326-9.

Publisher:
Sciencia Scripts
is a trademark of
Dodo Books Indian Ocean Ltd. and OmniScriptum S.R.L publishing group

120 High Road, East Finchley, London, N2 9ED, United Kingdom
Str. Armeneasca 28/1, office 1, Chisinau MD-2012, Republic of Moldova, Europe
Printed at: see last page
ISBN: 978-620-8-02135-1

DEDICAÇÃO

Dedicado à *Natureza*

RECONHECIMENTO

Antes de apresentar esta dissertação a quem quer que seja, gostaria de agradecer a Deus Todo-Poderoso, que nos permitiu trabalhar e preparar este relatório. Desejamos manifestar a nossa sincera gratidão ao Prof. M. S. Sharma, Vice-Chanceler Honorário da Universidade de Kota, Kota, e à Dra. Fatima Sultana, Coordenadora do Departamento de Ciências da Vida Selvagem da Universidade de Kota, Kota, Rajastão, por nos terem acolhido com carinho, amor e encorajamento. Qualquer tentativa, seja a que nível for, não pode ser concluída de forma satisfatória sem o apoio, a orientação e a motivação que nos encorajaram a elaborar este relatório.

Estou muito grata à minha orientadora, a Dra. Fatima Sultana, Professora Associada do J.D.B. Govt. Girls PG College, Kota Rajasthan, Índia, por ter supervisionado a conclusão desta dissertação com todo o apoio e por ter sempre esclarecido as minhas dúvidas, apesar da sua agenda preenchida, do apoio académico e das instalações disponibilizadas para a realização do trabalho de investigação.

Agradeço à Sra. Shiba Khan e ao Dr. Suhel Khan por terem sido muito amáveis e terem prestado a sua ajuda em várias fases desta investigação, sempre que os abordei.

Gostaria de agradecer à Dra. Anna Kaushik, Bibliotecária Adjunta da Biblioteca Central e à Sra. Jyoti Jodan, Bibliotecária Assistente da Universidade de Kota, Kota, pela disponibilização de revistas e pelo seu apoio moral.

Gostaria de agradecer ao Sr. Vishnu Shringi (salvador de serpentes) e a Govind Sharma (salvador de serpentes) por me terem fornecido dados de salvamento para compilar o nosso trabalho.

A dissertação não teria sido concluída com êxito sem a ajuda de alguns dos meus colegas. Gostaria de agradecer aos meus colegas Hari Mohan Meena, Rakesh Bashnett, Satyadeo Kumar, Pramod Jangid e Santosh Bhattarai pela sua ajuda moral e apoio técnico.

Gostaria de agradecer imensamente às serpentes que foram resgatadas e documentadas no nosso trabalho de investigação, pois este trabalho não seria possível sem elas.

Agradeço também aos aldeões e a todas as populações locais que nos ajudaram neste trabalho através de chamadas para as cobras. Agradeço também ao meu formador sénior, o Sr. Kinchit Rathour (Coordenador 200809), ao Animal Saving Group Navsari, Gujrat e ao Sr. Deepen Shah (Socorrista sénior), que me deram formação sobre o salvamento de cobras.

Agradeço também aos meus amigos Kishan Rawal, Vikram Rathour, Himanshu Verma e Jeetu Soni pelo seu precioso apoio durante os trabalhos de salvamento.

Por último, gostaria de agradecer a todas as pessoas desaparecidas que participaram em todas as fases deste trabalho de investigação.

ABREVIATURAS

- %   Percentage
- &   and
- *   Manoj Sen Sirohi region 2010
- **   Vishnu Shringi, Kota region 2012
- ***   Govind Sharma, Kota region 2012
- e.g.   Example
- etc   et cetera ; and other
- Fig.   Figure
- i.e.   that is
- km   kilometer
- NH   National Highway
- No.   Number
- SL. No.   Serial number

ÍNDICE DE CONTEÚDOS

Capítulo I

Introdução:

As serpentes são **répteis carnívoros** sem patas (J.M. Mehrtens 1987) da subordem **Serpentes** (Linnaeus, 1758) que se encontram praticamente em todas as partes do mundo, exceto nas regiões muito frias. As serpentes fascinam o público em geral mais do que quaisquer outros animais na terra, porque as pessoas não sabem muito sobre elas, e as serpentes são mal compreendidas e temidas. A maioria das serpentes é inofensiva para os seres humanos, enquanto algumas espécies são responsáveis por milhares de mortes todos os anos (Whitaker e Captain 2004). As serpentes raramente são avistadas no terreno, pelo que são um tópico pouco comum para estudos de campo, em comparação com outra fauna.

Existem mais de 2500 espécies de serpentes em todo o mundo (Jackson e Barr 2006), das quais 271 espécies de serpentes se encontram principalmente na Índia (Whitaker e Captain 2004). No Rajastão existem 36 tipos de serpentes, de acordo com Sharma (2010). Ambas as regiões, Kota (Hadoti) e Sirohi (Marwar), são muito ricas em biodiversidade e proporcionam um habitat favorável a uma Ophiofauna rica e preciosa. A investigação sobre serpentes em zonas não protegidas do distrito de Sirohi, no Rajastão, continua inexplorada, exceto no que se refere a observações de história natural e a algumas listagens em zonas protegidas. Até à data, ainda não foi efectuada qualquer investigação no distrito de Sirohi para a sua documentação científica e práticas de gestão da conservação.

A região de Hadoti é um habitat bem conhecido de muitas espécies ameaçadas de extinção e de outros animais selvagens. O Parque Nacional das Colinas de Mukandara é um dos melhores locais para muitos tipos diferentes de diversidades florais e faunísticas; foi recentemente integrado no CTH (Critical Tiger Habitat) para a relocalização do tigre. O Santuário de Vida Selvagem de Darrah ficou famoso quando um tigre de cauda quebrada foi avistado pela última vez em 2003 e infelizmente morreu num acidente de comboio perto de Darragaon. Sirohi tem apenas uma área protegida conhecida como Mount Abu Wildlife Sanctuary, que também é famosa pela sua incrível diversidade faunística, como o urso-preguiça *(Melursus ursinus),* o leopardo *(Panthera pardus)* e a galinha da selva cinzenta *(Gallus sonneratii).*

Foi feita uma tentativa de documentar as operações de salvamento na área de estudo. Em 2010, tinha documentado o número de operações de salvamento enquanto trabalhava com a People for Animals (PFA). O Sr. Vishnu Shringi e o Sr. Govind Sharma têm autorização do departamento competente para o salvamento de cobras. Foram recolhidos dados de 2012 e foi efectuado um estudo comparativo das regiões de Sirohi e Kota para avaliar o tipo de Ophiofauna que foi objeto de conflito. O salvamento de serpentes é considerado uma das melhores formas de observação atenta para estudar qualquer espécie de serpente, sendo também um método adequado para observar espécies de serpentes reais que se encontram em zonas habitadas por seres humanos.

Capítulo II

Objectivos:

1. Avaliar as espécies de serpentes nas regiões de Sirohi e Kota.
2. Avaliar a natureza das famílias de serpentes capturadas nas zonas habitadas por seres humanos das regiões de Sirohi e Kota.

<h1 align="center">Capítulo III</h1>

Área de estudo:

O distrito de Sirohi está amplamente distribuído em cinco tehsils: Sirohi, Sheoganj, Pindwara, Abu Road e Reodar, com um total de 202 Gram Panchayts para 374 aldeias no distrito. Sete aldeias de Pindwara tehsil estão completamente ligadas à NH 14 (autoestrada), enquanto algumas delas estão ligadas à zona florestal próxima e fazem parte da nossa área de estudo, onde realizámos o nosso trabalho de salvamento durante o período de 2010, de junho a dezembro. Numa parte do distrito de Sirohi, realizei um estudo sobre serpentes em zonas desprotegidas do distrito de Sirohi e a investigação sobre serpentes em zonas desprotegidas do distrito de Sirohi continua por explorar.

O Parque Nacional Mukandara da região de Hadoti é o lar de leopardos, ursos-preguiça, antílopes, nilgai, veados e lobos. Os antílopes e os carnívoros são vistos em grande número e, se tiver sorte, poderá também avistar os poucos leopardos e ursos-preguiça que habitam o santuário. É realmente um prazer ver estes animais selvagens no seu habitat natural.

A região de Hadoti é também muito rica noutros tipos de biodiversidade e de Ophiofauna, embora Kota tenha espécies de serpentes completamente diferentes das de Sirohi, pelo que foi muito interessante avaliar e comparar a Ophiofauna das regiões de Kota e Sirohi. As seguintes aldeias de Sirohi e do distrito de Kota foram os locais de salvamento de cobras:

Sirohi Region	Kota Region	
1. Veerwara	1. Aanwali	2. Rathkankra
2. Kotra	3. Rojhdi	4. Jagannath pura
3. Viroli	5. Borkheda	6. Kewal nagar
4. Telpur	7. Khaitoon	8. Anantpura
5. Jhadoli	9. Alaniya	10. Borawas
6. Pindwara	11. Kansua	12. Tathed
7. Sanwara	13. Kasaar	

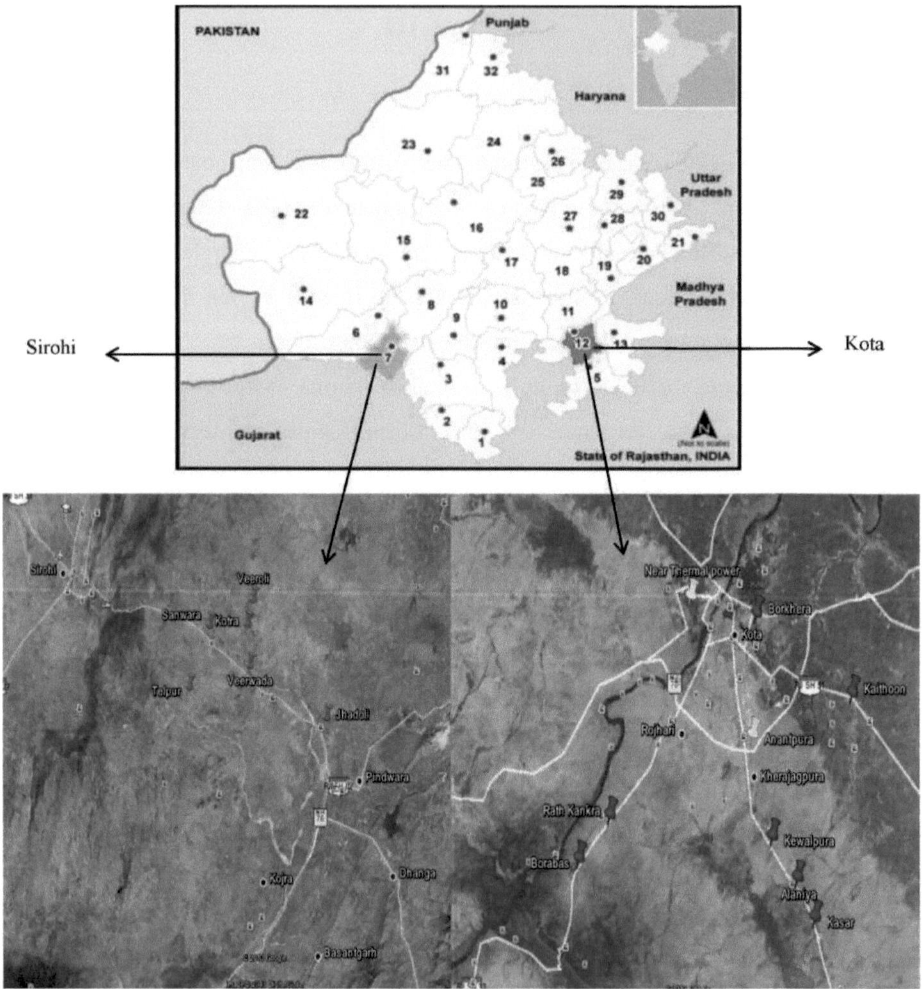

Figura 1: Mapa da zona de estudo

Capítulo IV

Método e materiais:

Todos e cada um dos espécimes foram originalmente capturados durante o trabalho de salvamento na área de estudo. Antes de iniciar o trabalho de salvamento de serpentes, foi dada formação especial pelo Animal Saving Group, Navsari, sob a supervisão do Sr. Kinchit Rathour. As operações de salvamento de serpentes foram efectuadas com a ajuda de voluntários e de aldeões locais. A prioridade era a publicidade, pelo que foram distribuídos números de contacto e cartões entre os habitantes locais e aldeões. Quando contactaram para pedir ajuda, a equipa dirigiu-se imediatamente para o local. Em primeiro lugar, tentámos chegar ao local o mais rapidamente possível. Levámos todo o equipamento necessário, incluindo um estojo de ferramentas e uma caixa de primeiros socorros, para evitar qualquer dano a nós próprios ou a qualquer outra pessoa.

Foram transportados diferentes tipos de bastões de serpente para manusear uma serpente individual. Foram seguidas as técnicas científicas mais recentes de salvamento de serpentes (Whitaker 2009). A identificação das espécies de serpentes é outra tarefa importante para o salvamento, uma vez que diferentes espécies de serpentes têm o seu próprio método específico de manuseamento, pelo que, após o encontro visual de cada espécime no local, cada serpente foi identificada com base nas experiências de salvamento e também foi utilizada uma taxonomia adequada para uma identificação apropriada. A população local ou as pessoas que telefonam foram deslocadas para outros locais a partir do local de salvamento, o que é muito mais necessário para uma operação de salvamento de serpentes bem sucedida. Em alguns casos, não é possível capturar a serpente com um pau ou com as mãos, pois todas as suas vias de movimento se fecharam, exceto uma. Nesta extremidade aberta é mantido um saco aberto de um lado, de modo que a serpente só tem uma opção para sair do seu esconderijo (Whitaker e Gowri 2009).

O ensacamento da serpente capturada é uma das etapas perigosas e finais de qualquer operação de salvamento de serpentes. Foram utilizados sacos de algodão e frascos de plástico com microfuros para o ensacamento, bem como bastões científicos modernos para serpentes, como o bastão de gancho (em forma de U) e o bastão de pinça. Também foram transportados outros equipamentos importantes, como uma lanterna de cabeça para chamadas nocturnas e bandas de pressão para precaução.

Foram fornecidas aos habitantes locais, para efeitos de sensibilização, algumas informações relevantes para as espécies resgatadas, depois de as cobras terem sido libertadas na floresta com a ajuda do Departamento Florestal. Por vezes, as serpentes capturadas eram entregues ao departamento para serem libertadas e registadas.

O trabalho de salvamento foi efectuado principalmente no distrito de Sirohi durante o ano de 2010 e depois foram observadas espécies de serpentes na região de Kota durante o ano de 2011-12 e após a realização de uma entrevista de curta duração a dois socorristas autorizados e experientes, o Sr. Vishnu Shringi e o Sr. Govind Sharma, ambos os socorristas estão oficialmente autorizados e autorizados pelo Departamento Florestal. Por conseguinte, foram recolhidos dados sobre o trabalho de salvamento de ambos e, em seguida, comparados com dados primários ou resultados para avaliar as espécies de serpentes e as suas famílias, tanto na região de Sirohi como na de Kota.

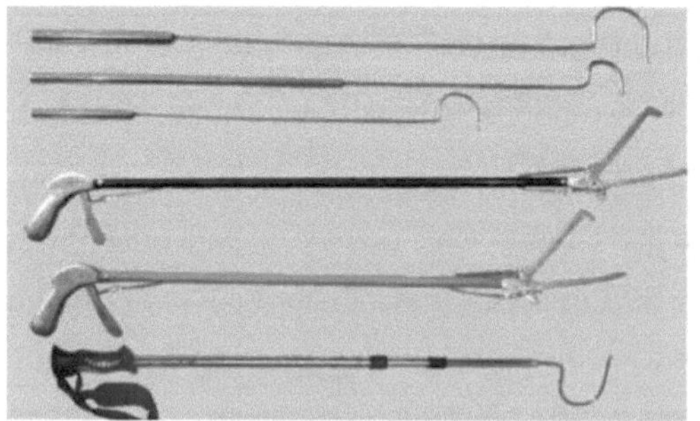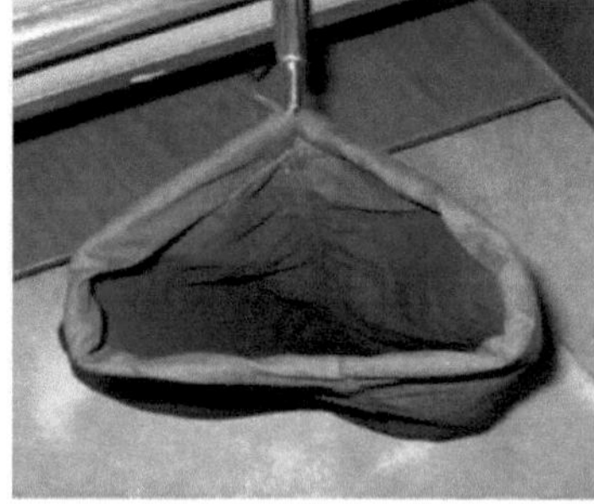

Varas para cobras (ganchos e pinças) e saco de algodão

Figura 2: Método e materiais, entrevista do Sr. Vishnu Shringi (socorrista sénior)

Capítulo V

Observação e resultados:

O salvamento de serpentes foi efectuado para avaliar o estado atual e observar as espécies de serpentes que habitam na área de estudo. As operações de salvamento de serpentes foram efectuadas durante o período (junho-dezembro) do ano de 2010. O período completo da estação das monções foi a melhor época observada, porque muitas cobras foram encontradas durante a monção. A frequência das chamadas de salvamento foi mais elevada nesta estação do que noutras estações.

O trabalho de salvamento foi efectuado em sete aldeias do distrito de Sirohi situadas em locais diferentes, mas todos os locais estavam ligados à zona florestal e apenas um local, Pindwara, estava situado um pouco longe da zona florestal mais próxima. Algumas localidades, como Viroli, Kotra e Telpur, estavam muito próximas da zona florestal mais próxima.

SL. NO.	Village	Distance From Nearest Forest area (in Km.)	Population
1.	Veerwara	2	4569
2.	Viroli	0.5	1045
3.	Kotra	0.5	1229
4.	Pindwara	4	20765
5.	Jhadoli	2	7460
6.	Sanwara	2	3319
7.	Telpur	0.5	1543

Tabela 1: Situação da população das aldeias com a distância mais próxima da área florestal

Foi resgatado um total de 121 serpentes, incluindo 56 venenosas, 13 semi-venenosas e 52 não venenosas. Foram detectadas 12 espécies de serpentes pertencentes a cinco famílias, incluindo 2 venenosas e 3 não venenosas. A observação e os resultados basearam-se na operação de salvamento de cobras efectuada de junho a dezembro de 2010 no distrito de Sirohi.

Foi efectuada uma entrevista a um socorrista da região de Kota e, segundo o Sr. Vishnu Shringi, que é muito experiente e um dos socorristas mais antigos da região de Kota, foram resgatadas 430 serpentes, das quais 71 venenosas, 2 semi venenosas e 357 não venenosas, pertencentes a 6 famílias. O Sr. Govind Sharma é outro socorrista da mesma região de Kota, segundo o qual foram resgatadas 244 serpentes, das quais 67 venenosas, 3 semi venenosas e 174 não venenosas, pertencentes a 5 famílias. Ambos os socorristas forneceram os seus dados relativos ao trabalho de salvamento de 7 meses no ano de 2012.

As operações de salvamento foram efectuadas no distrito de Sirohi durante o período de 2010 e as mesmas operações foram realizadas pelos socorristas da região de Kota no ano de 2012. Ambas as observações de salvamento foram compiladas para efeitos de estudo comparativo.

S. No.	Nature of snakes	2010*	2012**	2012***
1.	Venomous	56	71	67
2.	Semi-Venomous	13	2	3
3.	Non-Venomous	52	357	174
	Total	121	430	244

Quadro 2: Resultado comparativo do salvamento nas regiões de Sirohi e Kota

Nota- * Manoj Sen Sirohi região 2010

    ** Socorrista Vishnu Shringi, região de Kota 2012

    *** Govind Sharma, socorrista, região de Kota, 2012

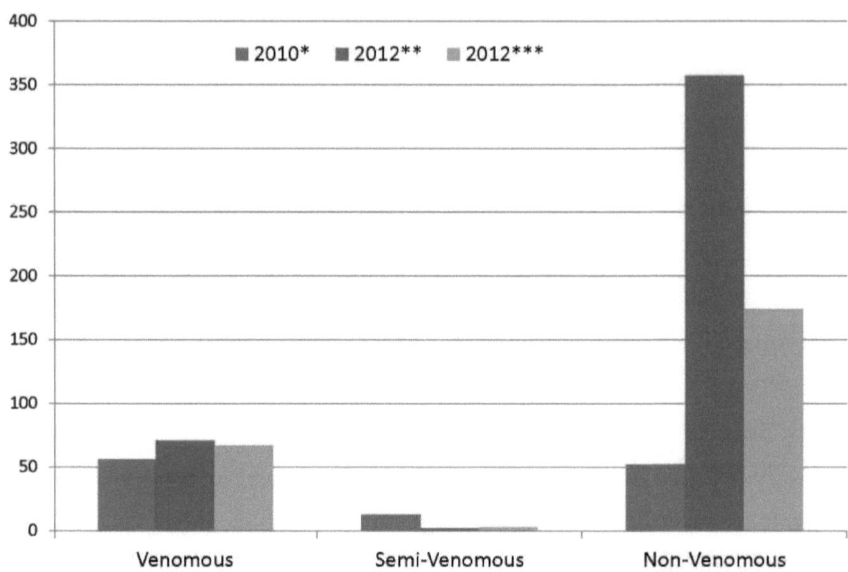

Figura 3: Resultado comparativo do salvamento nas regiões de Sirohi e Kota

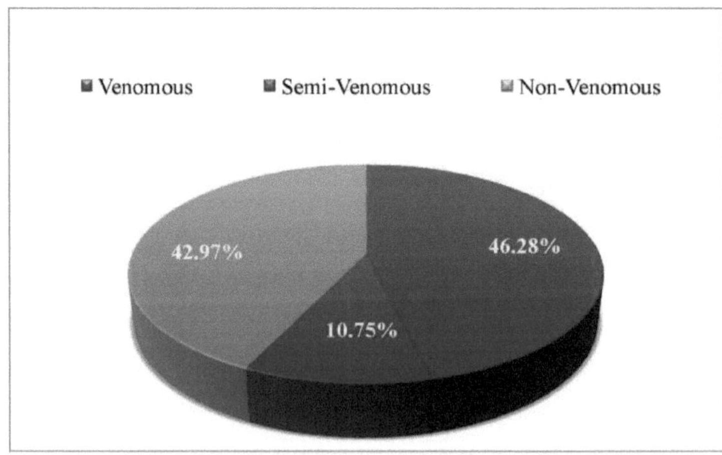

Figura 4: Operações de salvamento, 2010* Região de Sirohi

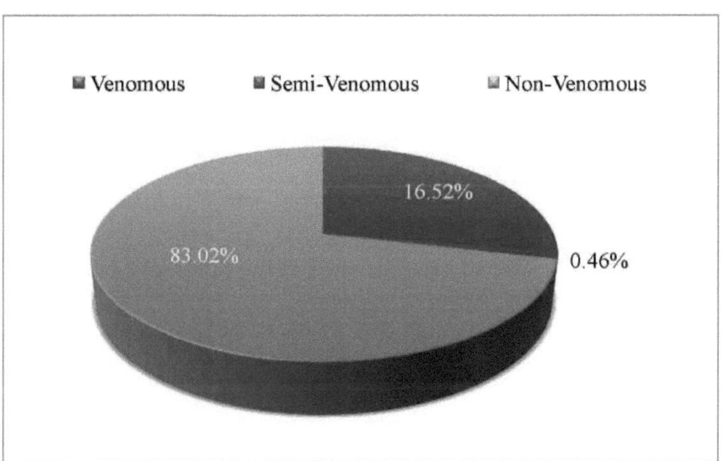

Figura 5: Operação de salvamento, 2012** Região de Kota

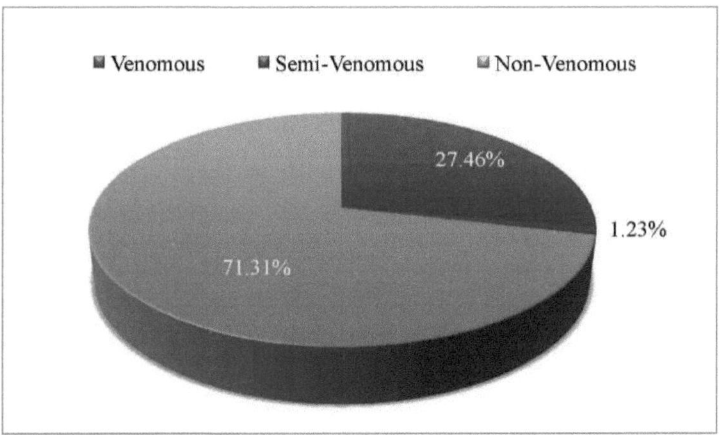

Figura 6: Operação de salvamento, 2012*** Região de Kota

É muito importante saber quantas espécies de serpentes foram encontradas durante o trabalho de salvamento e quais eram as suas famílias, porque estes dados são muito importantes para comparação. O Sr. Vishnu Shringi resgatou um total de 16 espécies de serpentes, pertencentes a 6 famílias. Segundo o Sr. Govind Sharma, foram resgatadas 13 espécies de serpentes pertencentes a 5 famílias. Ambos os socorristas da região de Kota resgataram um grande número de cobras em comparação com as cobras resgatadas na região de Sirohi.

A cobra lobo barrada *(Lycodon striatus)* e a cobra Kukri comum *(Oligodon arnensis)* foram resgatadas algumas vezes na região de Sirohi e a víbora de Russell *(Daboia russelii)* não foi detectada nesta região. No que se refere às serpentes Venomus, o Krait comum *(Bungarus caeruleus)* foi resgatado com frequência na região de Sirohi, mas o mesmo não se verificou na região de Kota, pois só foram resgatadas 4 vezes nesta região. O Sr. Vishnu Shringi resgatou ambas as espécies na sua região, mas ambas as espécies não foram resgatadas ou estiveram ausentes na região de Sirohi. Com base na observação dos salvamentos, a víbora de Russell *(Daboia russelii)* é muito rara e talvez venha a ser extinta em muitas partes de ambas as regiões.

A serpente-gato-comum *(Boiga trigonata)* é rara na região de Kota e, comparativamente, é comum na região de Sirohi. Typhlopidae foi a família que o Sr. Vishnu Shringi observou e resgatou apenas um indivíduo desta família. Dois membros da família Colubridae, *Oligodon arnensis* e *Lycodon striatus*, foram raramente resgatados na região de Sirohi, mas ambas as espécies não foram encontradas na região de Kota. A víbora de Russell *(Duboia ruselli)* esteve completamente ausente ou não foi resgatada, pelo menos um membro. A víbora de escamas *(Echis carinatus)* da família Viperidae foi resgatada algumas vezes na região de Sirohi. No total, 121 serpentes de 12 espécies, incluindo 5 famílias, foram resgatadas durante o período de salvamento do ano de 2010.

SL. NO.	Snake species	Nature of Snake	2010*	2012**	2012***
1.	Common Cobra *(Naja naja)*	V	38	54	55
2.	Common Krait *(Bungarus caeruleus)*	V	13	2	2
3.	Russell's Viper (*Daboia russelii*)	V	-	3	1
4.	Saw Scale Viper *(Echis carinatus)*	V	5	12	9
5.	Common Trinket *(Coelognathus helena helana)*	NV	16	22	12
6.	Common Wolf *(Lycodon aulicus)*	NV	6	32	10
7.	Common Cat Snake *(Boiga trigonata)*	SV	13	2	3
8.	Rat Snake *(Ptyas mucosa)*	NV	5	116	60
9.	Slender Racer (*Coluber gracilis*)	NV	-	23	1
10.	Banded Racer (*Argyrogena fasciolata*)	NV	-	2	-
11.	Common Kukri *(Oligodon arnensis)*	NV	3	-	-
12.	Barred Wolf Snake *(Lycodon striatus)*	NV	3	-	-
13.	Checkered Keel Back *(Xenocrophis piscator)*	NV	4	69	52
14.	Green Keel Back (*Marcopisthodon plumbicolor*)	NV	-	19	-
15.	Indian Rock Python *(Python molurus molurus)*	NV	10	7	4
16.	Red Sand Boa *(Eryx johnii)*	NV	5	9	9
17.	Common Sand Boa (*Gongylophis conicus*)	NV	-	50	26
18.	Brahminy Worm Snake (*Ramphotyphlops braminus*)	NV	-	8	-
	Total		121	430	244

Quadro 3: Natureza das espécies de serpentes resgatadas das regiões de Sirohi e Kota

Nota- * Região de Manoj Sen Sirohi

    ** Região de Vishnu Shrangi Kota

    *** Govind Sharma Região de Kota

    V- Venenoso, SV- Semi venenoso, NV- Não venenoso

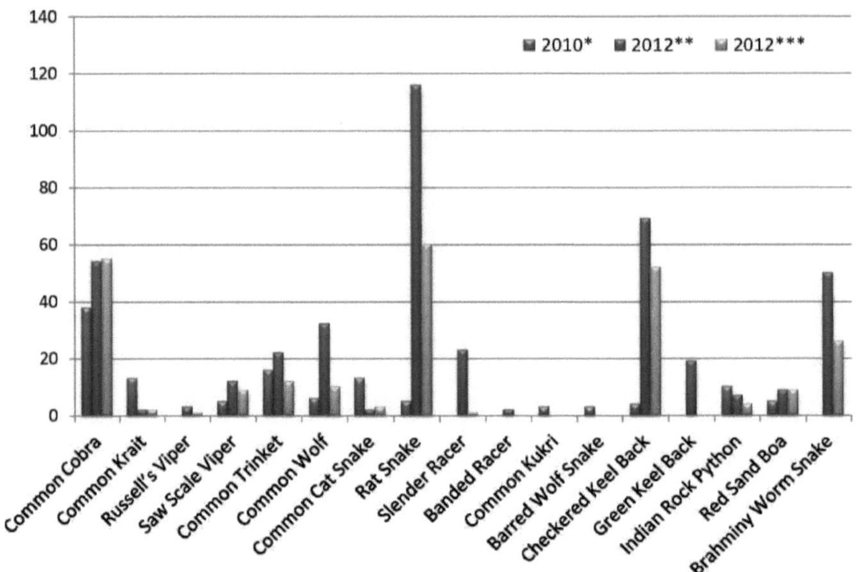

Figura 7: Espécies de serpentes resgatadas das regiões de Sirohi e Kota

SL. NO.	Snake species	Family	No. of snake rescued		
			2010*	2012**	2012***
1.	Common Cobra *(Naja naja)*	Elapidae	38	54	55
2.	Common Krait *(Bungarus caeruleus)*	Elapidae	13	2	2
3.	Russell's Viper (*Daboia russelii*)	Viperidae	-	3	1
4.	Saw Scale Viper *(Echis carinatus)*	Viperidae	5	12	9
5.	Common Trinket *(Coelognathus helena helena)*	Colubridae	16	22	12
6.	Common Wolf *(Lycodon aulicus)*	Colubridae	6	32	10
7.	Common Cat Snake *(Boiga trigonata)*	Colubridae	13	2	3
8.	Rat Snake *(Ptyas mucosa)*	Colubridae	5	116	60
9.	Slender Racer (*Coluber gracilis*)	Colubridae	-	23	1
10.	Banded Racer (*Argyrogena fasciolata*)	Colubridae	-	2	-
11.	Common Kukri *(Oligodon arnensis)*	Colubridae	3	-	-
12.	Barred Wolf Snake *(Lycodon striatus)*	Colubridae	3	-	-
13.	Checkered Keel Back *(Xenocrophis piscator)*	Colubridae	4	69	52
14.	Green Keel Back (*Marcopisthodon plumbicolor*)	Colubridae	-	19	-
15.	Indian Rock Python *(Python molurus molurus)*	Pythonidae	10	7	4
16.	Red Sand Boa *(Eryx johnii)*	Boidae	5	9	9
17.	Common Sand Boa (*Gongylophis conicus*)	Boidae	-	50	26
18.	Brahminy Worm Snake (*Ramphotyphlops braminus*)	Typhlopidae	-	8	-
	Total		121	430	244

Quadro 4: Observação das famílias Snake pela operação de salvamento nas regiões de Sirohi e Kota

No total, foram resgatadas 674 serpentes da região de Kota por ambos os socorristas no período de 2012. Comparativamente, 121 serpentes foram resgatadas da região de Sirohi no ano de 2010. Foram observadas 16 espécies, incluindo 6 famílias de cobras, na região de Kota e 12 espécies, incluindo 5 famílias, foram resgatadas da região de Sirohi.

SL. No.	Total No. of Rescued Snakes	Rescue		Total Rescued Species	Total Families
		Period	Region		
1.	121	2010	Sirohi	12	5
2.	674	2012	Kota	16	6

Quadro 5: Comparação dos resultados de salvamento entre as regiões de Sirohi e Kota

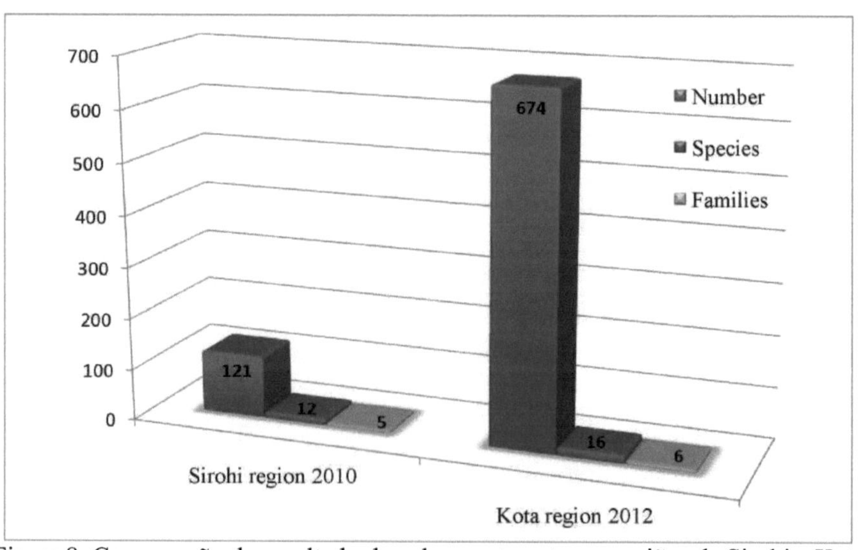

Figura 8: Comparação do resultado do salvamento entre as regiões de Sirohi e Kota

Cobra-rateira (Dhaman) *Ptyas mucosa* (Linnaeus, 1758)

Xeque-mate (Xenochrophis piscator Schneider, 1799)

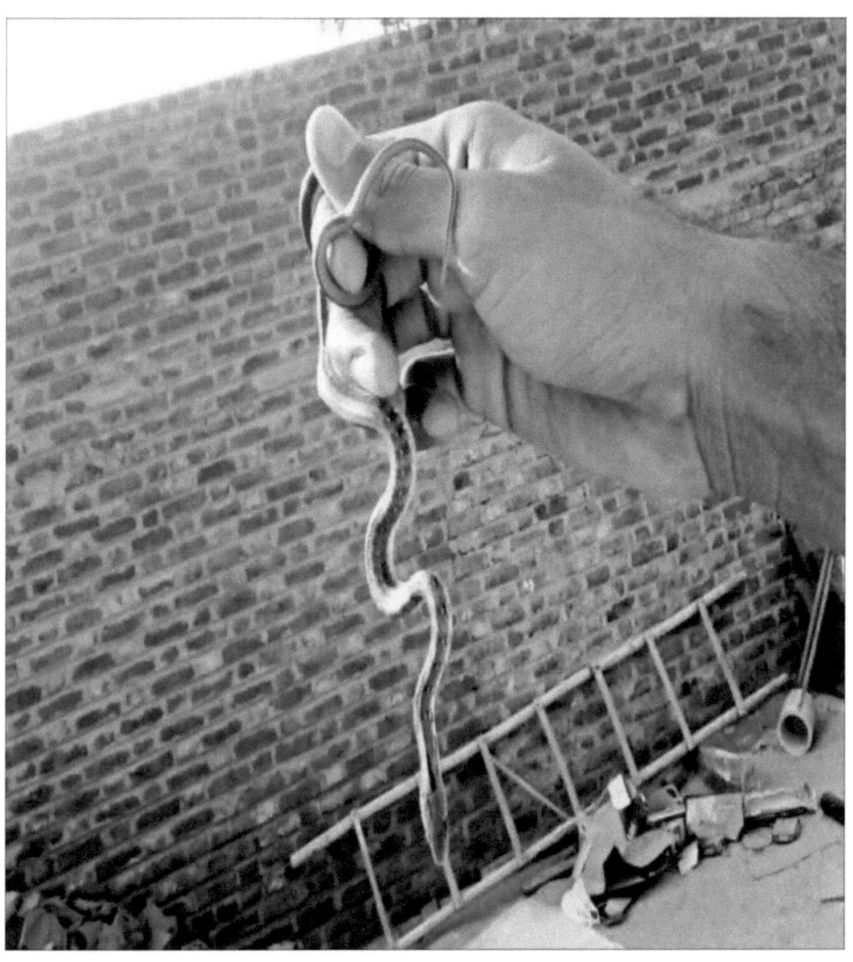

Trinca-ferro comum *Coelognathus helena helana*

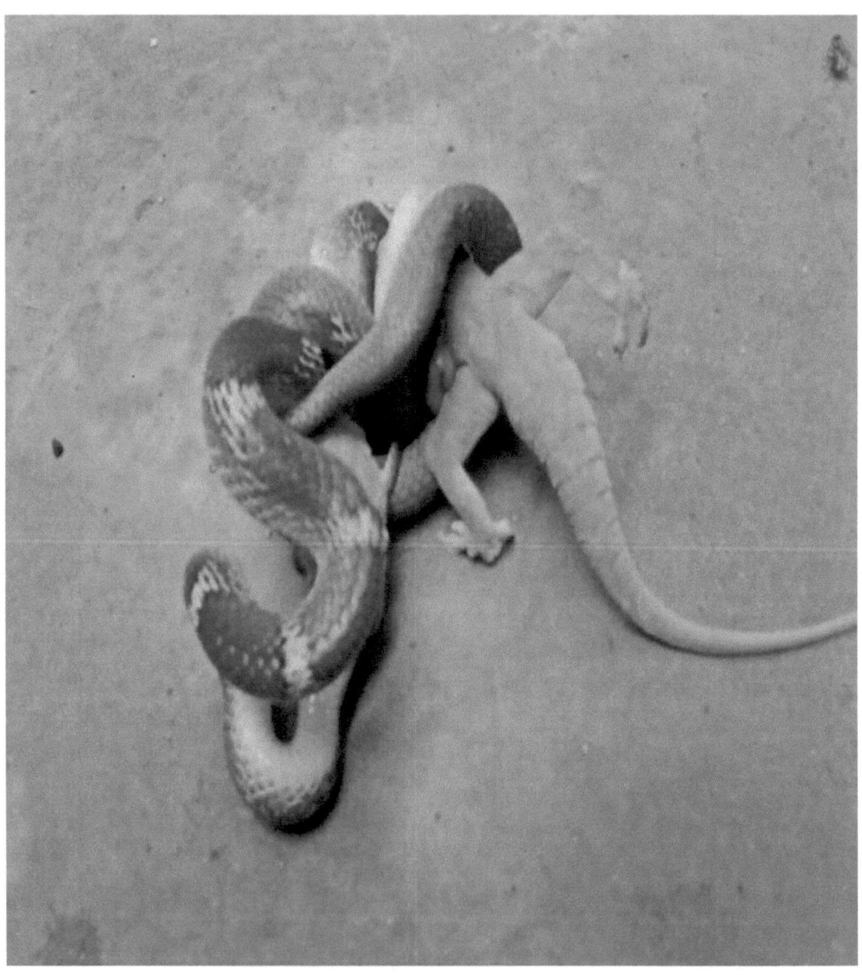

Cobra-lobo comum *(Lycodon aulicus* Linnaeus, 1758)

Pitão-das-rochas *(Python molurus* Linnaeus, 1758)

Placa 6: Serpente não venenosa

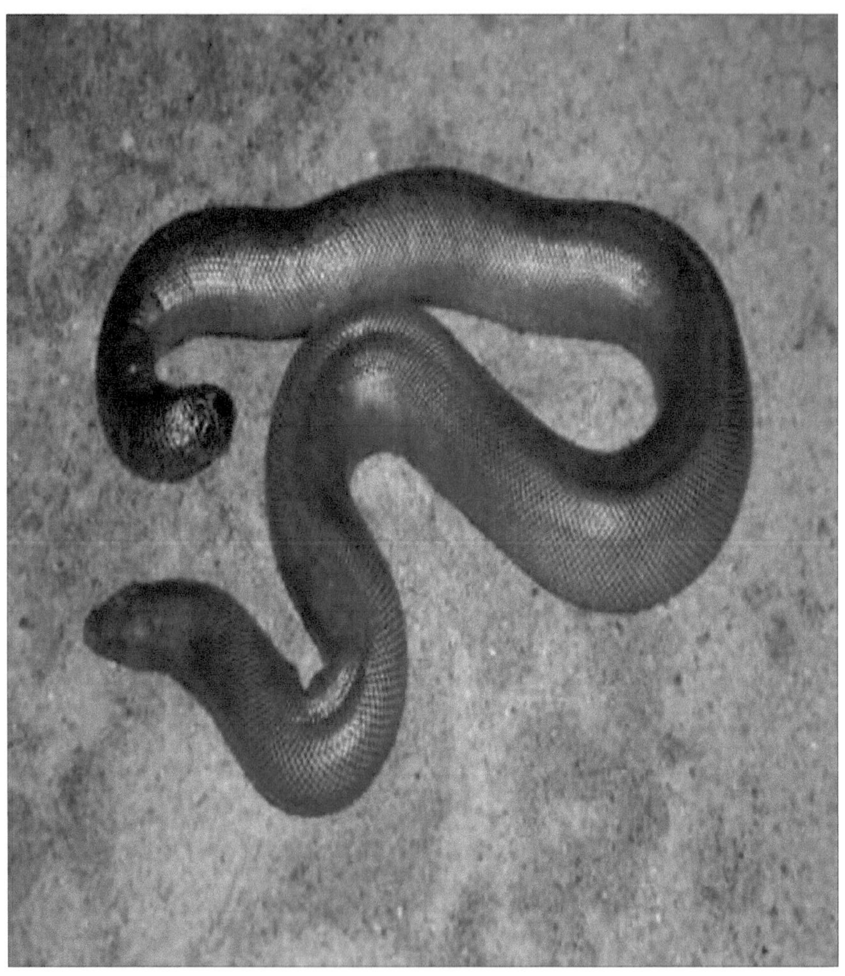

Jiboia da areia vermelha *(Eryx johnii* Russell, 1801)

Cobra-lobo barrada *(Lycodon striatus* Shaw, 1802)

Kukri comum *(Oligodon arnensis* Shaw, 1802)

Cobra-de-óculos, Cobra-indiana, Cobra-comum *(Naja naja* Linnaeus, 1758)

Chita comum *(Bungarus caeruleus* Schneider, 1801)

Víbora-escamosa *(Echis carinatus* Schneider, 1801)

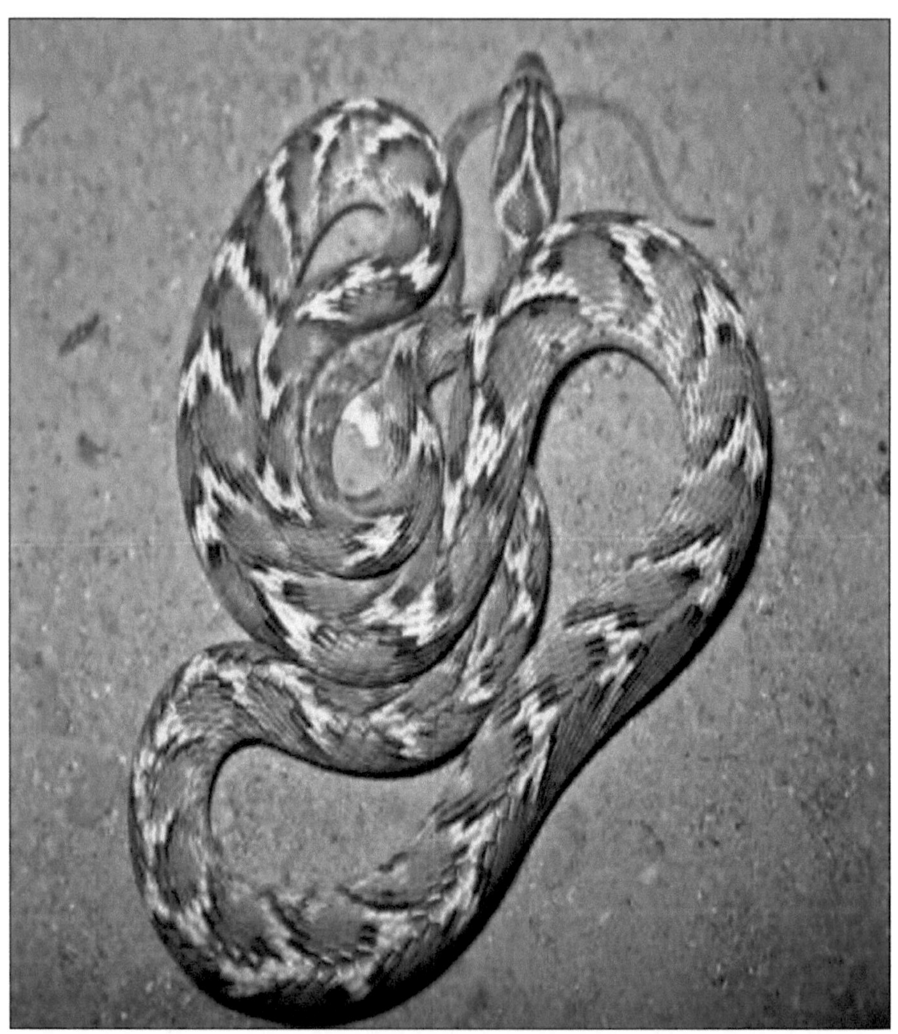

Cobra-gato-comum *(Boiga trigonata* Schneider, 1802)

Capítulo VI

Discussão:

A investigação sobre serpentes em zonas não protegidas do distrito de Sirohi, Rajastão, continua inexplorada, exceto no que se refere a observações de história natural e a algumas listagens no interior de zonas protegidas, não tendo ainda sido realizadas investigações no distrito de Sirohi para a sua documentação científica e práticas de gestão da conservação.

O objetivo do estudo foi avaliar a ofiofauna da área não protegida da região de Sirohi e Kota. De acordo com o estudo e a observação, foram observadas 12 espécies de serpentes, incluindo 5 famílias, que se encontravam perto de habitações humanas na região de Sirohi. A região de Kota é mais rica do que Sirohi, onde foram observadas 16 espécies de serpentes de 6 famílias. As equipas de salvamento da região de Kota são activas e realizam trabalhos de salvamento há muito tempo, pelo que dispõem de uma vasta rede e área de chamadas de salvamento, e a maior parte dos cidadãos e aldeões da região de Kota (Hadoti) estão sensibilizados para a conservação da biodiversidade, talvez por efeito do nível de educação ou talvez por não terem problemas com as serpentes, o que pode ser um dos factores que explicam as muitas chamadas de serpentes e os trabalhos de salvamento.

Pode ter-se a certeza de que há muito mais espécies de serpentes que ainda precisam de ser investigadas e estudadas. Provavelmente, no futuro, muitas mais espécies de serpentes serão registadas em diferentes áreas desprotegidas da região de Sirohi e Kota.

Na Índia, existem mais de 271 espécies de serpentes, das quais 10% são venenosas e, na sua maioria, 4 tipos de serpentes venenosas encontram-se perto de seres humanos (Whitaker e Captain 2004). A Cobra-comum *(Naja naja), o* Krait-comum *(Bungarus caeruleus),* a Víbora-escama-de-serra *(Echis carinatus)* e a Víbora de Rusell

(Duboia ruselli) são as quatro maiores serpentes venenosas que se encontram perto de habitações humanas (Whitaker e Captain 2004), pelo que as Cobras e as Víboras de Russell foram responsáveis pelas maiores mordeduras de serpentes e pela morte das vítimas nesses casos (J. Martin 2009).

Com base no estudo e na observação, a Cobra-comum *(Naja naja)* e o Krait-comum *(Bungarus caeruleus)* encontram-se principalmente perto de habitações humanas e a víbora de Russell está talvez a ser extinta da área de estudo. Os socorristas da região de Kota encontraram, pelo menos, alguns espécimes desta serpente, o que é raro. Muitas serpentes estão ameaçadas em toda a Índia, mesmo algumas das espécies raras e em perigo de extinção, o que justifica a necessidade de conservação. De acordo com a observação do estudo, talvez a degradação do habitat e a falta de sensibilização sejam os principais factores de diminuição de espécies de serpentes como a víbora de Rusell *(Duboia ruselli)*.

Capítulo VII

Conclusão:

O trabalho de salvamento de serpentes foi efectuado em 2010 (junho a dezembro) para avaliar as espécies de serpentes encontradas em zonas não protegidas do distrito de Sirohi. Foram preparados locais para efetuar operações de salvamento, onde foi realizado o trabalho de salvamento de cobras. Na região de Kota, o resultado do trabalho de salvamento foi seguido no ano de 2012 por dois socorristas diferentes, o Sr. Vishnu Shringi e o Sr. Govind Sharma, ambos oficialmente autorizados e experientes socorristas e que trabalham há muito tempo. 12 espécies de cobras, incluindo 5 famílias, foram capturadas perto de humanos durante o trabalho de resgate, um número total de 121 cobras, incluindo 56 venenosas, 13 semi-venenosas e 52 não venenosas, foram resgatadas na região de Sirohi no ano de 2010.

Quando foram realizadas entrevistas a socorristas individuais da região de Kota para avaliar e compilar os resultados do trabalho de salvamento, verificou-se que o Sr. Vishnu Shringi, um socorrista sénior e experiente, oficialmente autorizado, salvou um total de 430 serpentes, incluindo 71 venenosas, 2 semi venenosas e 357 não venenosas, pertencentes a 6 famílias. O Sr. Govind Sharma é outro socorrista da mesma região de Kota. Segundo ele, foram resgatadas 244 cobras, das quais 67 venenosas, 3 semi venenosas e 174 não venenosas, pertencentes a 5 famílias. Ambos os socorristas forneceram os seus dados relativos ao trabalho de salvamento de 7 meses do ano de 2012 para compilar com os resultados da região de Sirohi.

Principalmente a Cobra-comum *(Naja naja)* em ambas as regiões e o Krait-comum *(Bungarus caeruleus)* na região de Sirohi, apenas membros da família venenosa Elapidae foram resgatados em grande número perto de habitações humanas. Membro da família Colubridae, a cobra-gato-comum *(Boiga trigonata)*, de presas raras, também foi resgatada com frequência perto de habitações humanas na região de Sirohi, mas era pouco frequente ou rara na região de Kota, sendo as duas cobras *Coluber gracilis* e *Argyrogena fasciolata*, membros da família Colubridae, encontradas na região de Kota, mas ausentes ou não encontradas na região de Sirohi. O Sanke-rato *(Ptyas mucosa)* e o *Xenocrophis piscator (Xenocrophis piscator)* eram ambos muito comuns na região de Kota.

Apenas um espécime da família Viperidae venenosa foi resgatado algumas vezes e outros espécimes da mesma família estiveram completamente ausentes ou não foram resgatados, podendo estar em vias de extinção. A víbora-escama *(Echis carinatus)* foi o único membro da família Viperidae que foi resgatado cinco vezes durante todo o período de salvamento e a víbora de Russlle esteve totalmente ausente ou não foi resgatada da região de Sirohi. Poucas vezes foram resgatados na região de Kota os dois membros da família Viperidae, a víbora-escama *(Echis carinatus)* e a víbora de Rusell *(Duboia ruselli)*, mas a víbora de Rusell *(Duboia ruselli)* também era muito rara nesta região.

Capítulo VIII

Sugestões e recomendações:

Os agricultores podem pensar que precisam de pesticidas químicos e fertilizantes, mas precisam ainda mais de predadores como as cobras. As cobras e as serpentes-ratazanas são predadores típicos de roedores que vivem nos nossos campos de cultivo e celeiros. As ratazanas e os ratos comem e danificam cerca de um quinto da produção de cereais da Índia e, sem os nossos amigos escamosos, estes danos duplicariam ou triplicariam. As serpentes são os maiores assassinos de roedores, mas as alterações do habitat, a limpeza das florestas e os danos causados às tocas das serpentes têm ameaçado a vida destas. Ninguém sabe qual o impacto que a utilização desenfreada de pesticidas subsidiados está a ter nas serpentes. O défice de informação e a falta de sensibilização para a conservação entre a população local são igualmente responsáveis pelo declínio da sua população.

As serpentes têm um grande valor económico, ecológico, religioso e cultural, educativo e inspirador na Índia. No entanto, o crescimento das populações humanas nos últimos anos ofuscou os laços religiosos e culturais, pelo que a sobrevivência da espécie está direta ou indiretamente ameaçada. Muitos factores, como a perda e a alteração do habitat, a utilização de pesticidas, as armadilhas acidentais, as superstições, a recolha e o comércio ilegais e a ignorância (falta de conhecimentos e de sensibilização para a conservação) contribuíram para o declínio das populações de serpentes na Índia.

Algumas espécies de serpentes constritoras gigantes, como a Indian Rock Python *(Python molurus molurus)*, são grandes predadores nalguns tipos de habitat e de floresta, podendo desempenhar um papel vital na gestão do sistema ecológico na ausência de espécies-chave de pedra. Por exemplo, no Parque Nacional de Keoladeo, em Bharatpur, no Rajastão, os pitões são os maiores répteis carnívoros e desempenham um papel vital na gestão do sistema ecológico, uma vez que não existem outras espécies-chave como o tigre *(Panthera tigeris)*, o leopardo *(Panthera pardus)*, etc., no PNK. Esta serpente é conhecida como um predador e pode facilmente matar e digerir um veado ou porco selvagem adulto. Assim, estas criaturas são importantes para o sistema ecológico e, por isso, precisam de ser conservadas.

Foram efectuados alguns trabalhos de investigação adequados no Santuário de Vida Selvagem de Mount Abu, que é apenas uma zona protegida do distrito de Sirohi. De acordo com Sharma (2001), quatro espécies de serpentes venenosas são comuns na área do santuário e a víbora de Russell *(Duboia ruselli)* também é comum nesta área. Com base no nosso estudo, argumentamos que a víbora de Russell *(Duboia ruselli)* está completamente ausente ou não foi observada, mesmo que outra víbora, a víbora da escama de serra *(Echis carinatus)*, também seja incomum na área de estudo, pelo que apenas duas serpentes venenosas, a Cobra-comum *(Naja naja),* Krait comum *(Bungarus caeruleus)* eram comuns no nosso estudo, tal como observámos, pelo que gostaríamos de dizer apenas uma coisa: a proteção e os planos de ação de conservação sérios poderiam conservar estes tipos de espécies de serpentes.

A investigação sobre serpentes em áreas desprotegidas do distrito de Sirohi ainda não foi explorada, exceto no que se refere a observações de história natural e a algumas listagens dentro de áreas protegidas (Mount Abu Wildlife Sanctuary), não tendo ainda sido realizada qualquer investigação no distrito de Sirohi para a sua documentação científica e práticas de gestão da conservação. Consideramos que os resultados do nosso estudo podem fornecer alguns dados úteis para planos de conservação e gestão ou para outras investigações e estudos relacionados com a conservação da serpente.

Nós também argumentamos que existem muitos tipos de métodos que são seguidos pelos investigadores na sua investigação relacionada com a conservação da serpente e a sua ecologia. Nós utilizámos com sucesso o método de salvamento de serpentes para avaliar as espécies de serpentes na nossa área de estudo e para avaliar as espécies mais comuns que se encontram perto de habitações humanas e encontrámos alguns dados interessantes e úteis, pelo que gostaríamos apenas de sugerir que, por vezes, este método pode ser útil para avaliar o estado atual da Ophiofauna, para avaliar as espécies de serpentes mais comuns, incomuns, raras, em perigo e ameaçadas. Neste método, observamos de perto todas as espécies de serpentes através da captura, pelo que este método seria adequado para comunicar e registar novas espécies de serpentes da área em causa.

Por vezes, assistimos a alguns momentos abomináveis e dolorosos quando apanhámos um cadáver de Python (Schedule I) devido a perturbações humanas, geralmente as pessoas tentam matar cobras, especialmente quando encontram uma cobra gigante. As pessoas argumentam que os serviços florestais não lhes deram resposta para transportar ou salvar a cobra, pelo que o fizeram. Por último, pensamos que o departamento florestal e o governo devem compreender o valor do trabalho de salvamento não só para as cobras mas também para outros animais, uma vez que se trata de outro tipo ou parte da gestão da vida selvagem, pelo que defendemos que o departamento deve conduzir algumas unidades de salvamento em áreas protegidas e não protegidas ou em locais próximos que sejam importantes para a sua biodiversidade e que este tipo de unidades de salvamento deve funcionar sob a supervisão de peritos ou especialistas na matéria.

Literatura citada:

1. Bolunger, G.A. (1890). The Fauna of British India, including Burma and Ceylon: Reptilia e Batrachia. Taylor and Francis, Londres.

2. Bhatnagar, C. & Mahur, M. (2009). Reptilian Fauna of Bag-darrah Nature Park Udaipur Wildlife division, Udaipur, Rajasthan, India. Cobra 3(2): 18-20.

3. Danial, J.C. (2002). The Book of Indian Reptiles and Amphibians. BNHS, Oxford University Press, Mumbai.

4. Jain, A. Kateva, S.S. Sharma, S.K. Galav, P. e Jain, V. (2010). Snake lore and Indigenous Snake Bite Remedies Practiced by Some Tribal of Rajasthan. Indian Journal of Traditional Knowledge Vol. 10(2), abril de 2011, pp. 258-268.

5. Masroor, R. (2011). A serpente comum da árvore Bronzeback, *Dendrelaphis tristis* (Daudin, 1803): An Addition to the Herpetofauna of Pakistan. *Pakistan J. Zool, vol. 43(6), pp. 1215-1218, 2011.*

6. Shalini, G. & Pandey, V.K (2007). Ecological Note on Herpetological Fauna of Kumbhalgarh Wildlife Sanctuary, Rajasthan, India. Cobra 1(3):4-7.

7. Sharma, S.K (1997). Herpetofauna of Phulwari Ki Nal Wildlife Sanctuary, Rajasthan State. *Journal of the Bombay Natural History Society.* 94(3): 573575.

8. Sharma, S.K (1995). Presence of Common Green Whip Snake *(Aheatulla nasutu) at* Phulwari Ki Nal Wildlife Sanctuary, Rajasthan *Journal of the Bombay Natural History Society* 92(1): 127.

9. Sharma, S.K. Bhatnagar, C. Koli, V. K. Salvi, R. Mohammad, Y. (2010). An Annotated Checklist of Reptilian Fauna of Sitamata Wildlife Sanctuary Rajasthan India, Cobra, Volume: IV (2).

10.Sharma, S.K (2001). Preliminary Survey of Reptilian Fauna of Mount Abu Wildlife Sanctuary Rajasthan and Snake Conservation Efforts in Mount Abu

Town. Cobra 44:5-10.

11. Smith, M.A. (1943). The Fauna of British India, Ceylon and Burma, including whole of the Indo-Chinese region. Vol. III. Serpentes. Taylor and Francis, Londres.

12. Vyas, R. (2000). A Review of Reptiles studies in Gujarat State. Zoo's Print Journal 15(12):386-390.

13. Whitaker, R. & Captain, A. (2004). Snakes of India, The field guide Draco Books Chennai India.

Printed by Books on Demand GmbH, Norderstedt / Germany